"老小孩"的智能生活

网络生活

吴含章 编著

上海科学普及出版社

图书在版编目(CIP)数据

网络生活/吴含章编著. —上海:上海科学普及出版社,2018.8

("老小孩"的智能生活)

ISBN 978-7-5427-7250-3

Ⅰ.①网… Ⅱ.①吴… Ⅲ.①互联网络—中老年读物 Ⅳ.①TP393.4-49

中国版本图书馆 CIP 数据核字(2018)第 149356 号

责任编辑 刘湘雯
美术编辑 赵 斌
技术编辑 葛乃文

"老小孩"的智能生活

网络生活

吴含章 编著

上海科学普及出版社出版发行

(上海中山北路 832 号 邮政编码 200070)

http://www.pspsh.com

各地新华书店经销 上海丽佳制版印刷有限公司印刷

开本 889×1194 1/16 印张 3.5 字数 120 000

2018 年 8 月第 1 版 2018 年 8 月第 1 次印刷

ISBN 978-7-5427-7250-3 定价:36.00 元

《“老小孩”的智能生活》丛书编委会

主　编　吴含章

编　委　高声伊　茅建平　栾学岭

　　　　陈伟如　郑佳佳

编者的话

互联网的迅速发展正日新月异地改变着我们的生活，从老年人到儿童，互联网深深地渗入了每个人的生活中。为了让老年人改变以往传统的生活习惯，尽快融入网络生活，我们以“记录生活、便捷生活、快乐生活”为主线，引导老年朋友一起享受信息时代新科技带来的红利。通过学习和实践，老年朋友也可以和年轻人一样，应用智能手机方便自己的生活。

在开始进入网络生活前，老年人要克服畏难情绪，只要有一部智能手机，只要有无线互联网，那么一切都变得非常简单。当然，你还要有一群志同道合的“网友”，互帮互学，不但学会用手机解决日常生活所需，还能够根据兴趣爱好或者共同的经历组成小组，一起学、一起玩，享受网络生活带来的便利和乐趣。

目录

《“老小孩”的智能生活》丛书，正文内使用的照片由上海科技助老服务中心提供，由《“老小孩”的智能生活》丛书作者授权出版社使用。

第一章　记录生活

网络生活的丰富多彩，使我们希望把自己生活中的快乐和朋友们一起分享，希望把旅途中的美景发送给更多的驴友欣赏，希望在生日、结婚纪念日等诸多喜事来临时得到亲朋好友的祝福，于是网络生活中的记录和分享就变得十分重要了，笔者在本书中推荐给读者三款记录和分享的应用APP，方便读者使用。

一、老小孩“讲述”

“家有一老，如有一宝”，老年人不仅是家庭的中流砥柱，更应是传承家风、记录家史的不二人选。老小孩网络社区推出的“讲述”应用，就是为老年人度身定制的记录生活、讲述家史、分享经验的网络工具。

“讲述”分为三大功能：记录、分享、互动。

首先我们讲讲“记录”功能。下图是记录功能中最重要的部分“编辑器”。

先来认识一下“编辑器”的操作。

编辑器的第一栏是“标题”栏，用以写下这次写作的标题。一个简单明了的标题能够告知读者文章的主题，如果标题能够抓人眼球，那么阅读的人数将会大幅上升。

标题

30字以内　0/30

内容

源码

字体　大小　行距　?

选择博文分类　暂时不选　添加分类

设置查看权限　◉ 所有人可见　○ 仅好友可见　○ 仅自己可见

设置回复权限　◉ 允许评论本文　○ 只能查看不能回复

版权来源设置　○ 原创　○ 转载　填写转载页面的网页地址

立即发布　保存到草稿　清空内容

编辑器的第二栏是“工具栏”。这里有很多撰写文章所需要用到的工具。工具分成“格式工具”和“插入工具”。

“格式工具”用于对文章进行排版。

源码 字体 大小 行距 ?

如：  字体  选择字体、 大小 选择字体大小、 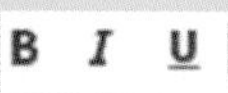 B I U 把字体加粗或让文字倾斜或在字下面加上下划线以突出这些文字的重要性。这是靠左对齐、居中、靠右对齐的工具。以上这些是最基本的排版“格式工具”。

在一篇文章中还可以插入视频、图片和声音，这就要用到“插入工具”了。

第一个功能是插入图片，如果使用手机操作的话，点击这个功能键可以选择手机中保存的照片，也可以用手机拍一张照片上传后使用。第二个按钮是插入视频，点击这个功能键可以选择手机中的视频，也可以用手机拍摄一段视频上传后使用。第三个按钮是插入声音，点击这个功能键可以选择手机中的声音或者音乐，也可以用手机录一段声音上传后使用。有了插入图片、视频、声音的工具，可以让这篇记录的内容变得更加充实，成了一篇多媒体的记录。

编辑器的第三栏大片空白处，就是记录内容的地方了，用手写输入法或拼音输入法就可以在这片空白处记录你想记录的内容了。老小孩“讲述”功能正在研发语音输入功能，今后老年人把想记录的内容说出来，由语音识别功能自动转换成文字，将更加方便老年人的使用。

编辑器的第四栏是“发布栏”。

选择博文分类　暂时不选　添加分类

设置查看权限　◉ 所有人可见　○ 仅好友可见　○ 仅自己可见

设置回复权限　◉ 允许评论本文　○ 只能查看不能回复

版权来源设置　○ 原创　○ 转载　填写转载页面的网页地址

立即发布　保存到草稿　清空内容

在发布前首先选择分类，根据记录的内容，选择“生活”、“家史”、“家书”、“家训”、“经验”、“作品”等分类。选择分类便于自己同类主题的文章归整在一起，如：今后只要点击关键字“家史”，就会把曾经写过的所有家史罗列出来，如果你还有出书的愿望，那么就可以把家史集结出书了。

其次选择“查看权限”，有些是私密性的文章就可以选择“仅自己可见”，这样可以在记录的同时，充分保护自己的隐私。

再次选择“回复权限”，如果你记录的文章不希望被阅读者在下方讨论，可以选择“只能查看不能回复”。如果你希望与阅读者互动，那么就选择“允许评论本文”。

最后选择版权来源设置。如果这篇文章是你的原创，那么就选择“原创”。如果是转载来的文章，那么请选择“转载”，并注明“转载地址”（也就是从何处转载来的）。

以上所有都选择好了，点击立即发布，那么一篇记录就完成后发布了。如果你还想修修改改或者暂时不想发布，请点击“保存到草稿箱”。下次可以从草稿箱中拿出来继续修改后发布。如果不想要这篇记录了，那么点击“清空内容”，请注意谨慎使用“清空内容”，一旦“清空”，前面写的东西就全删除了。

记录并发布了文章，接下来就是分享给好友阅读了。

在每篇文章的最后都有一个分享栏，除了文章发布后会自动通知老小孩社区里的好友，你还可以长按二维码分享至微信好友或者发微信朋友圈，还可以分享至QQ、豆瓣、微博等互动平台。

有了好友来阅读，互动是一个很重要的功能，好友可以用互动功能给你点赞也可以给你留言。

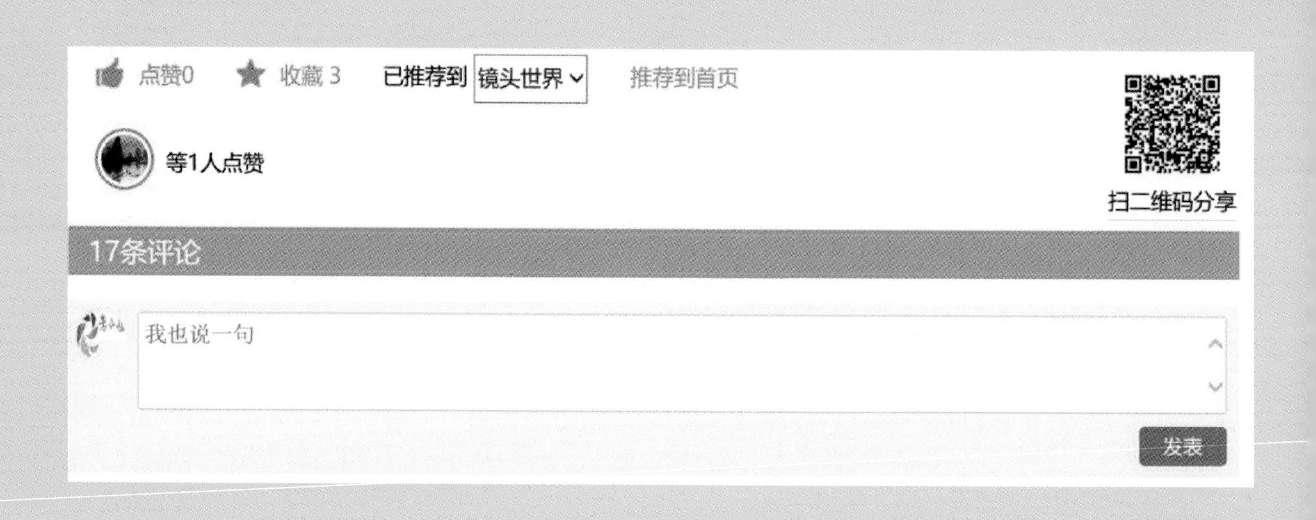

点击为你喜欢的文章点赞。也可以在评论区跟作者进行互动。

以上就是老小孩的“讲述”应用。老小孩“讲述”应用即将推出“生命树”功能，应用会根据记录的时间点来自动生成一棵“生命树”，随着记录内容越来越多，生命树也将越长越大。

二、音乐相册

音乐相册是一款能记录使用者的生活点滴，把使用者的美好祝福等完整保留起来并和朋友们一起分享的软件。它操作简单，易学好用，自动生成的动画让你的照片活动起来，并且有各种模板美化你的相册。

（1）在微信的公众号里搜索“音乐相册”公众号，页面上会出现很多的音乐相册，这里仅以“祝福音乐相册”为例来介绍它的操作。点击“祝福音乐相册”后，在跳出的页面中点击关注，在微信订阅号里就有了这款软件。

（2）点开“祝福音乐相册”，找到下方“制作相册”——创建新相册（如下图）。

（3）选择手机图片库中需要导入以制作相册的照片（在图片右上角打勾），每次最多导入九张照片，可以多次导入。

（4）全部照片添加完毕，点“我的相册”，打开相册管理的“查看全文”，就可以看到自动生成的相册了。

在**相册管理**的**相册个人管理**里有全部作品，再点“**编辑**”，在下面的选项标签中可以看到“**选模板**”、“**选音乐**”、“**增删图**”、“**写文字**”四个选项，每一个选项都包含了很多编辑的内容，读者可以根据自己的喜好来编辑相册。

点“**选模板**”可以看到显示的各类模板，选择符合读者相册风格的模板。

点“**选音乐**”可以看到显示的各类音乐，选择合心意的音乐配相册。

点“**增删图**”可以添加或者删除相册的照片。

点“**写文字**”可以添加相册标题以及每张照片的文字，点击“完成”。

点击“**保存**”，相册就完成了，可以点开右上角的三个小点，选择把它分享给朋友。很简单的制作就能和朋友们一起欣赏美图、美景了，赶快动手吧。

中国电信 22:26
风光无限
增删图片之后点**完成**
新增图片
完成

中国电信 22:25
这个相册里记录了我的照片和...
点击这里给相册写标题（限30字）
点击这里给照片添加文字（限16字，可选）
可以给每张照片添加文字
完成

发送给朋友
分享到朋友圈
收藏
搜索页面内容
复制链接
在聊天中置顶
调整字体
刷新
投诉
分享到手机QQ
分享到QQ空间

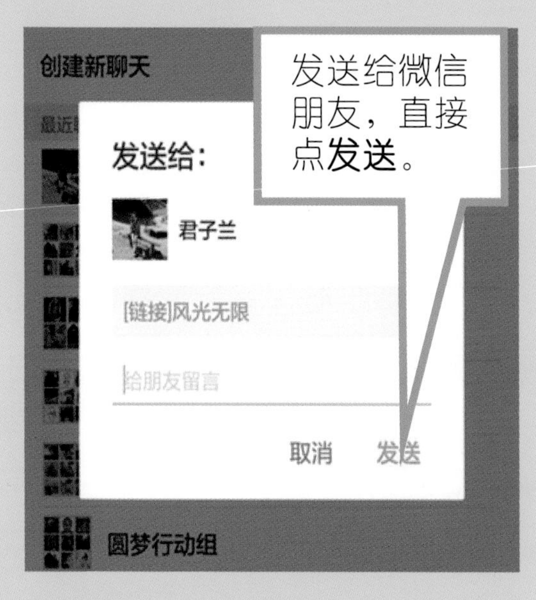
创建新聊天
发送给：
君子兰
[链接]风光无限
给朋友留言
取消
发送
发送给微信朋友，直接点**发送**。
圆梦行动组

三、美篇

美篇是一款简单好用的图文编辑分享APP，能发100张图片，任意添加文字描述，背景音乐和视频，在最短的时间里制作出一篇图文并茂的文章，并及时发送到朋友圈分享。

在手机的应用商店下载并安装美篇APP。

（1）打开美篇APP主页，点击下方“+”号，新建一篇文章。

（2）选择手机里需要导入的图片，然后点“**完成**”。

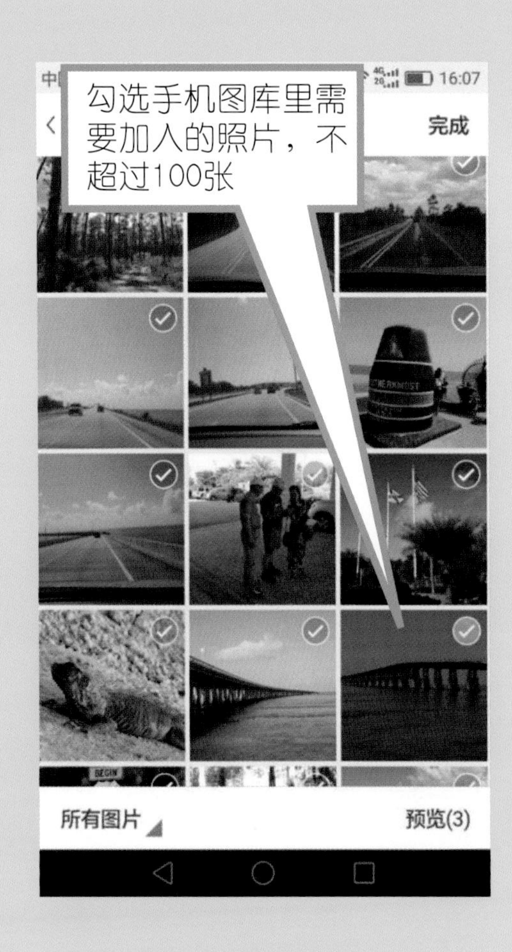

（3）点击标题区，给文章**设置标题**，点击“**编辑封面**”可以在已经导入的图片中选择更换封面照片，然后点击“**完成**”。

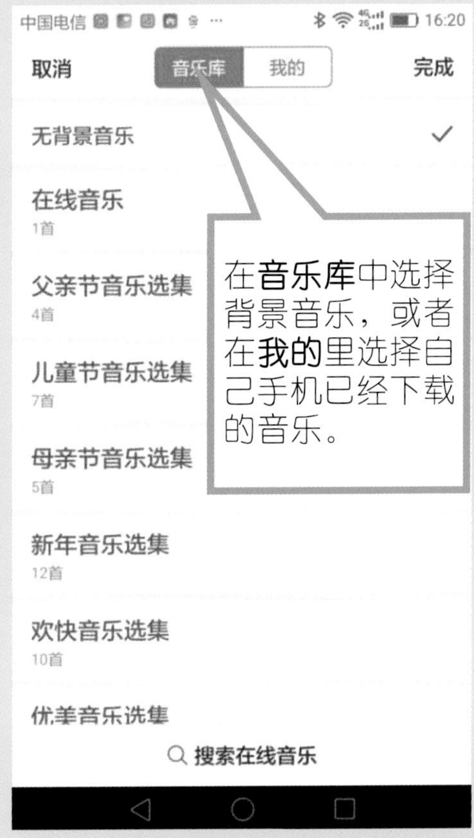

（4）点击“**添加音乐**”，在显示的页面上选择合适的背景音乐，可以从“**音乐库**”里查找，也可以从“**我的**”里上传自己手机里的音乐，点击“**完成**”。

（5）点击图片，进入**图片编辑**，可以更换图片，并可以对图片进行旋转、裁剪、滤镜等操作，然后点“**完成**”。

（6）可以在图片右边**添加文字**，文字上限5000字，可以选择字体，选择字号，选择颜色等，也可以点“全选”，这样就是选取所有的文字。

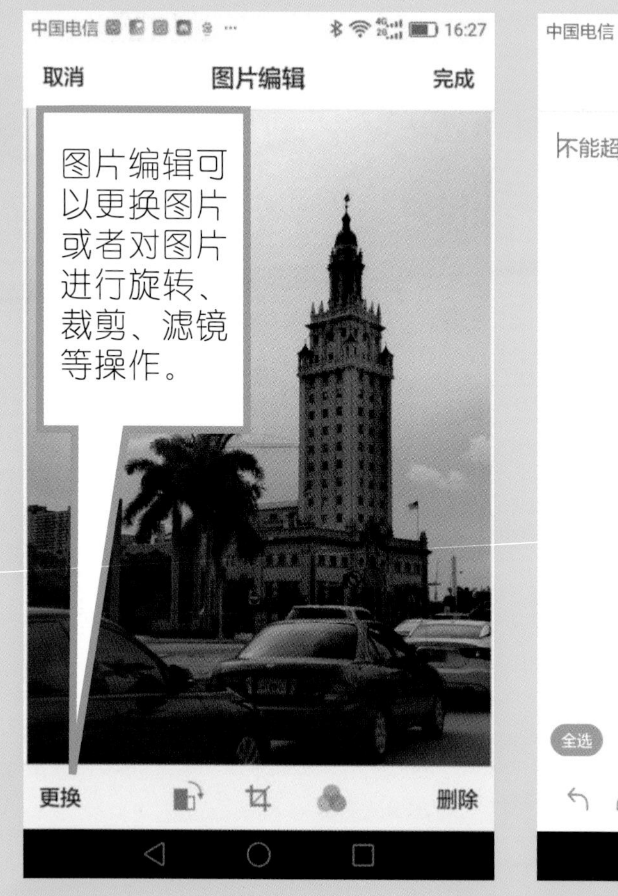

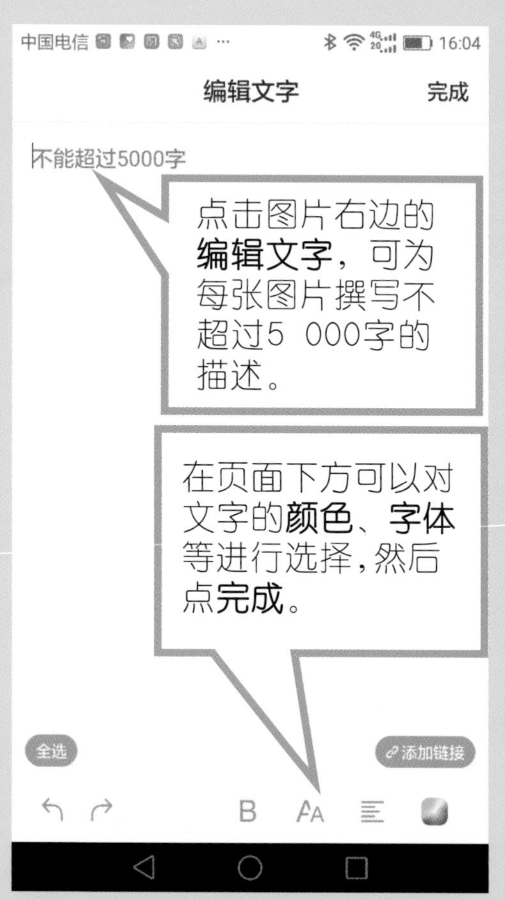

（7）点击图片和图片之间的“+”可以添加图片，点击图片可以删除，点击右面的**上下箭头**，可以移动图片。

（8）作品完成后可以点击"**完成**"进入预览界面，如果不满意也可以点"**编辑**"继续返回编辑。

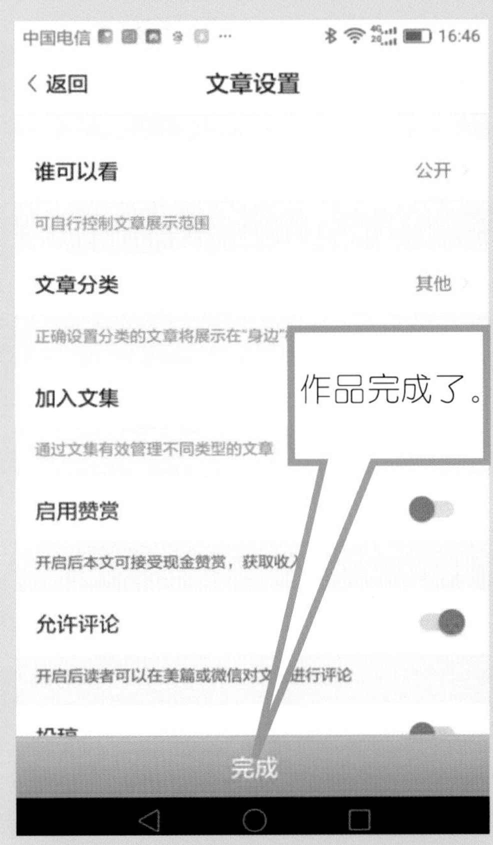

（9）然后点击右下角的**“模板”**，美篇提供了各种类型的漂亮模板，选择合适的模板，之后点**“下一步”**—**“完成”**。

（10）最后分享，可以选择分享给微信好友，微信朋友圈，QQ，微博等，在**“我的”**页面，还可以看到自己编辑的所有美篇作品。

现在有了美篇网页版（e.meipian.cn），可以在电脑上编辑制作美篇，大大方便了广大的电脑一族。

美篇是深受欢迎的一款APP，同样可以编辑微杂志的APP还有**寻色**、**图朵**等等都是不错的编辑软件。

第二章　便捷生活

网络生活是多姿多彩的，它囊括了生活中的衣食住行和吃喝玩乐各个方面，让我们一步步地跟着本书一起操作，慢慢地走进网络生活的场景里去。

网络生活的衣食住行

我们在这里介绍几款衣食住行的APP以及基本操作，便于读者学习使用。

一、大众点评

大众点评APP是一款提供全国甚至全球的大众美食、休闲娱乐、生活服务、团购优惠等众多实用信息的软件，在网络生活中使用频率较高。

首先使用手机在应用商店下载“**大众点评**”APP并安装到手机，打开大众点评APP，如图所示。

在大众点评的主页上有十大分类：**美食、电影/演出、酒店、休闲娱乐、外卖、旅游出行、丽人/美发、周边游、结婚/摄影、爱车。**根据自己的需求点击相应图标，打开页面再进行选择，譬如选择美食——团购优惠，点击进去之后在**地区、美食种类或智能排序**三项的下拉菜单里再进行具体选择。譬如地区，选择长宁区——中山公园，美食种类选择咖啡厅，智能排序选择人气，则页面显示如下：

选团购优惠
粤菜
团购优惠
精选美食
预约订座
外卖
火热聚餐处
拔草要趁早
和你约饭最幸福
名店抢购
每日上新
5折大牌限量抢
美食情报局
深度探秘好店
火锅中的爱马仕
吃蟹新花样
咖喱给蟹
寻味招牌菜
附近
美食
智能排序
筛选
大马头茶餐厅(中潭店)
2066条
茶餐厅
中山北路/甘泉地区粤菜第3名
¥81/人
中山北路/甘泉地区 550m
买单每满100减10.1元
远景路
美食分类
选咖啡厅
中山公园
美食
全部美食
小吃快餐
日本菜
本帮江浙菜
咖啡厅
面包甜点
火锅
西餐
自助餐
¥105/人
川菜
中山公园
远景路

地区选
长宁区
选中山
公园
附近
热门商区
浦东新区
徐汇区
黄浦区
卢湾区
静安区
长宁区
中山公园
虹桥
天山
上海影城/新华路
古北
北新泾
动物园/虹桥机场
¥188 双人套餐 已售500
远景路
团购优惠
中山公园
咖啡厅
人气
套餐人数
选源素茶
咖啡厅
中山公园
¥49 单人
Home Gar
意大利菜
中山公园
第五空间咖
咖啡厅
中山公园
¥118 双人小
Vital Tea 源素茶(长宁龙之梦店)
远景路

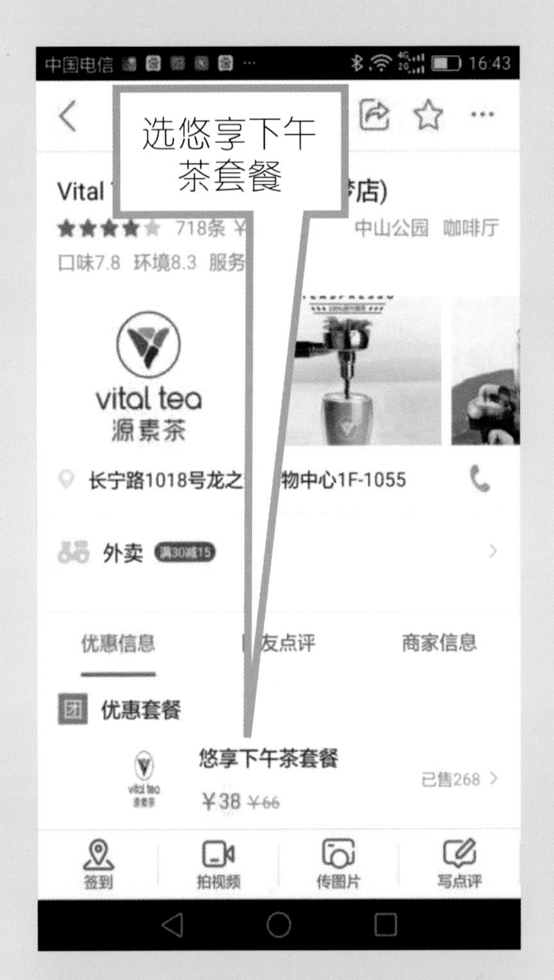
选悠享下午茶套餐

下午茶套餐的内容
点立即抢购

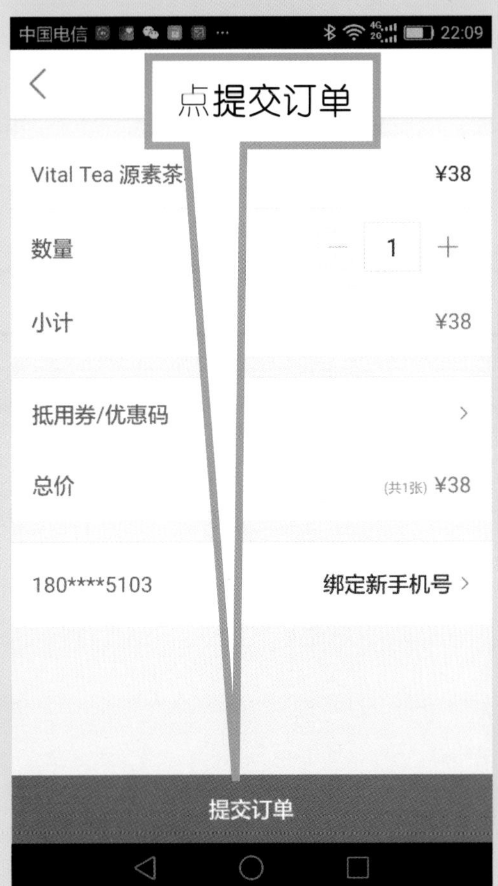
点提交订单

勾选支付方式后，点确认支付

选择想要的团购（如选择：源素茶—悠享下午茶套餐—立即抢购—提交订单—确认支付—用银行卡、微信、支付宝都可以完成支付），还可以在该店铺首页的“**商家信息**”里查看商家的基本信息，在“**网友点评**”里查看网友们对这个商家的评价作为消费的参考，完成消费之后，还可以留下对商家的点评，作为其他网友的参考。

接下来只需在团购有效时间内前去消费，到店后出示订单号就可以享受美食了。

温馨提醒：

使用APP都是需要先注册，然后才能享受到优惠使用的。

在应用商店中还可以找到类似的美食APP，如“**美团**”、“**饿了么**”等等。

二、百度地图

百度地图是百度提供的一项网络地图搜索服务的APP，它向我们提供了出行的快捷便利，它包括公交换乘、驾车导航、骑车、步行、用车路线的查询和服务，同时也提供了目的地附近的餐馆、学校、银行、公园等信息，是一款方便实用的出行APP。

使用手机下载、安装并打开**百度地图**APP，可以在最上面的搜索栏内键入想去的地点。（如要去“公益新天地”，页面上即显示该地方的地址及与目前所处位置的距离等信息。）

接着点击“**到这去**”并在页面上选择你需要“**用车**”、“**驾车**”、“**公交**”、“**步行**”或者“**骑行**”（如选择“公交”，则显示可以乘坐的地铁和公交车，并列明需要花费的参考时间以及详细线路。）

同时也可以在地图上的“公益新天地”——点击下面的“搜周边”，页面即可显示该地区周边的吃喝、住宿、出行、娱乐等信息，为用户提供目的地附近的信息。

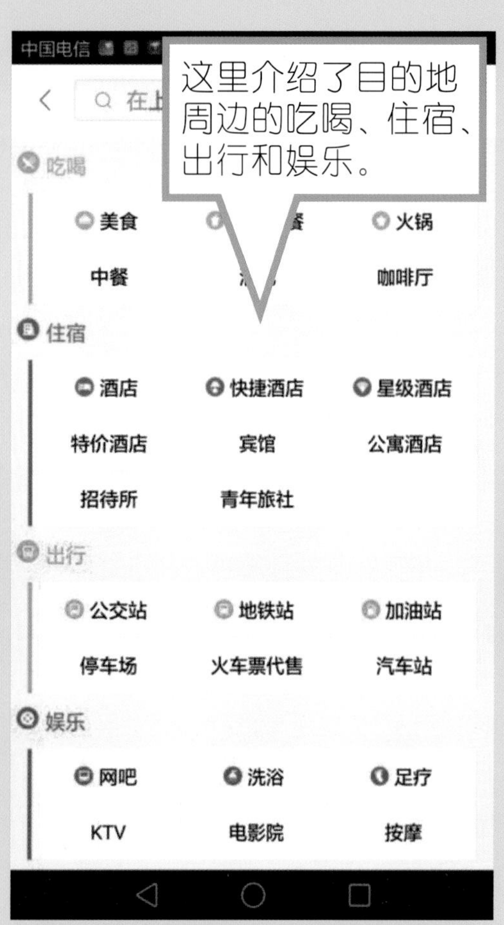

温馨提醒：

使用APP都是需要先注册，然后才能享受到优惠使用的。

类似的地图导航APP还有**高德地图**、**google**地图等，基本操作可以借鉴。

三、铁路 12306

铁路12306 APP是中国铁路客户服务中心网站，提供火车票网上预定、火车票票价查询以及高铁、动车、普通列车的车次查询以及该车次的剩余票数等信息。

在手机应用商店下载并安装“**铁路12306**”APP，打开APP，下面有“**车票预定**”、“**商旅服务**”、“**订单查询**”、“**我的12306**”几个选项，先选择“**车票预定**”，再选择好**出发地点和到达地点**（如上海到天津），选择好出发日期和时间。

点击“**查询**”，即可看到当天的全部车次、所需时间、剩余票数等信息，选择你所需购买的车次，在乘客名单里选择需购票人（购票之前务必先在“我的12306”里添加好要购票人的信息），然后**提交订单**和**付款**即可。

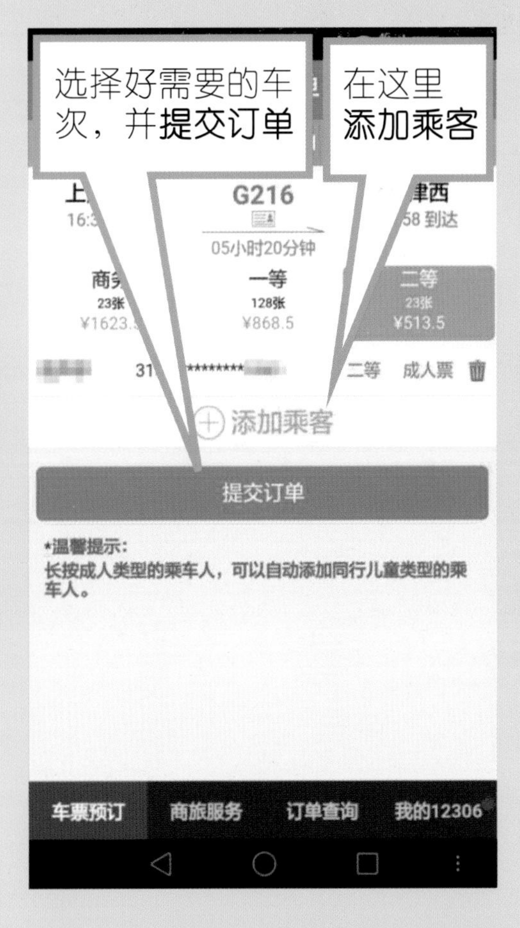

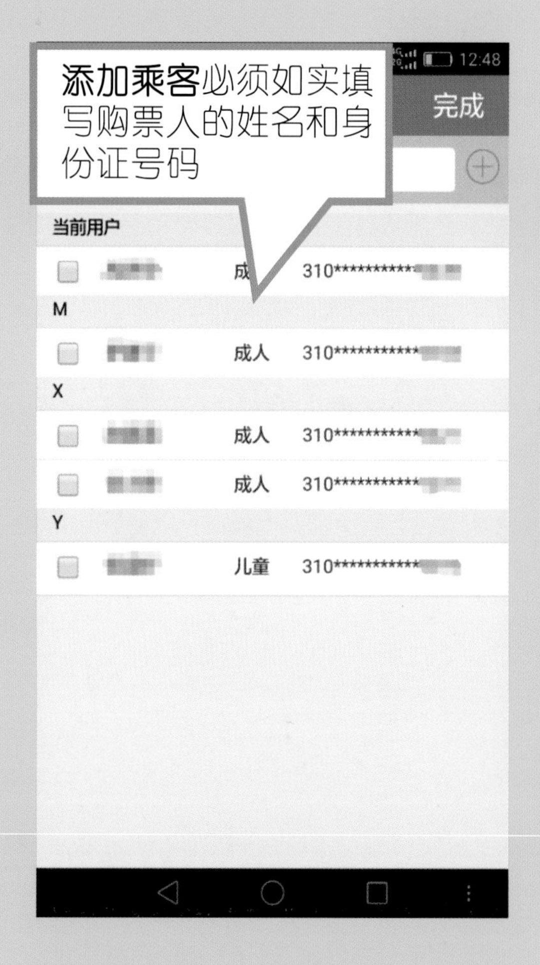

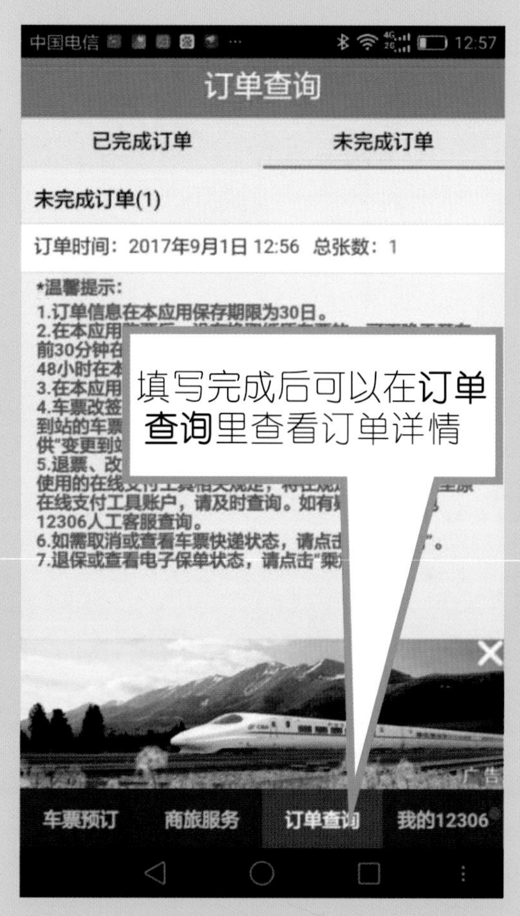

订单完成后，用户可以在“**订单查询**”里查看自己的订单。

温馨提醒：

12306 购票必须先实名注册，填写真实信息。如果为别人代购，也必须在乘客信息里添加购票人的真实信息。

第三章　快乐生活

由于网络的便捷，提供了很多吃喝玩乐方面的信息，让用户可以在众多的信息里面寻找到适合自己的APP，一部智能手机就可以完成人们所需要的互联网+的快乐生活，满足唱歌、观影、旅游等娱乐生活需求，互联网的便利，颠覆了人们以前对生活服务的所有认知，网络生活享受到的是便捷、轻松和快乐。

本章我们介绍几个"快乐生活"的APP供大家学习操作。

一、携　　程

携程APP是一个向众多用户提供机票、酒店、旅游等即时预定的APP，它是中国领先的综合性旅行服务公司，涵盖了酒店预定、机票预订、旅游度假以及景点介绍和攻略等诸多方面。

首先使用手机在应用商店下载"**携程**"APP并安装到手机，打开携程APP，可以看到首页上有"**酒店**"、"**机票**"、"**旅游**"等等选项，可以根据自己的需要点开各个页面（如：点开"旅游"，里面还分：跟团游、目的地参团、自由行、机+酒、周边游等等），用户可以根据自己的需求来逐个点开各类标签查看内容（如：选择跟团游，键入"香港"，则显示众多香港游的行程），直到有满意的选择，即可点击"**开始预**

定”一步步填写所需信息，最后付款，完成订单。

在携程预定旅游线路之前，要认真看清“**须知**”，了解该行程所有的费用包含和自理费用，如果出境游还必须详细阅读“**预定限制**”和有关“**签证**”的一些须知。另外还可以在携程上阅读相关的游记，了解前往旅游地区的风土人情和历史渊源，更进一步享受到旅游的乐趣。

完成的订单，可以在首页下方的“**我的**”里面找到，在“我的”里可以看到自己全部订单、待付款订单、未出行订单和待点评订单等信息。

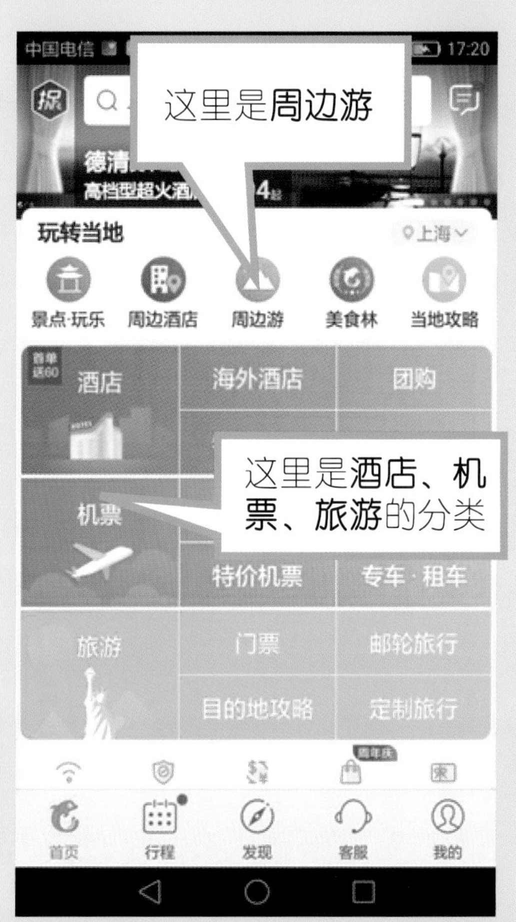

这里输入**目的地、出发时间，预算和天数**可以搜索。
这里选择**跟团游、自由行**等。
上海站
目的地/关键字
高级搜索
跟团游
目的地参团
自由行
机+酒
周边游
出行风向标
销量明星
醉美目的地
当季热玩
疯狂折扣
特卖汇
特价旅游频道
七夕九宫格
旅游首页
目的地
浏览历史
旅游订单

如选择港澳五日游，则会有多种路线供选择。
全部
出发地参团
综合排序
游玩线路
香港+澳门
香港一地
澳门+香港5日4晚跟团游·携程自营/香港海洋公园/澳门经典/纯玩
¥4360起 4.6分 6631人出游
澳门+香港5日4晚跟团游·爸妈放心游/纯玩团/香港澳门经典/携程自营
¥4210起 4.5分 412人出游
乐园游·香港+澳门5日4晚半自助游·[特价尾单]仅含往返特价机票/售完即止!
¥780起 4.7分 113人出游
澳门+香港5日4晚跟团游·香港叮叮

选择其中之一，满意则可**开始预订**。
上海出发 | 携程自营
澳门+香港5日4晚跟团游·爸妈放心纯玩无购物/香港+澳门经典连游
¥3860/人起 393人出游
车载Wifi
爸妈放心游
上海建行赏秋正当时活动（境外）
携程跟团游新标准
查看详情
4.5/5
导游讲解 4.5
行程安排 4.5
领队服务 4.6
描述相符 4.8
好评率 85%
收藏
在线咨询
开始预订

选择好日期和人数，**继续预订**
选择日期和人数
起价说明
9月
10月
成人
儿童
携带婴儿 0-2岁
联系客服
继续预订
选择资源

在携程APP里还有很多**特卖汇**和**热门活动**，对于没有时间限制的老年人来说可以很好利用，既玩得开心又可以省钱，何乐而不为呢。

温馨提醒：

使用APP都是需要先注册，然后才能享受到优惠。

与携程旅游类似的旅游APP还有很多，例如 **驴妈妈**、**同程旅游**、**去哪儿网**等等。

二、爱奇艺

爱奇艺APP是一家提供大量优质网络视频服务的网站，在爱奇艺APP里可以搜索到各类高清电影、热播电视剧、娱乐综艺等网络视频，足不出户一样享受影视乐趣。

在手机的应用商店下载并安装**爱奇艺APP**，打开爱奇艺APP，在页面最上面可以看到“**电视剧**”、“**电影**”、“**儿童**”、“**综艺**”、“**动漫**”、“**搞笑**”、“**上海**”、“**娱乐**”等标签，供用户选择想看的视频分类，也可以在上方的搜索栏里直接键入想看的视频名称，搜索一下，如键入《醉玲珑》，则出现该剧，点击播放就可以在家里看电视剧了。看到好的剧情可以点击右下方的“**分享**”，推荐给好友一起分享，也可以点击“**收藏**”，留着空闲时慢慢观看，更可以点“**缓存**”，离线收藏，可在旅途中或其他没有WiFi的时候欣赏。

在爱奇艺首页下方，还有一排标签，在其中“**我的**”里，有用户以往的“**观看历史**”、“**我的收藏**”、“**离线中心**”等，可以根据需要查询，而“**VIP**”会员里则有最新最热的大片和热门电视剧，不过要成为VIP会员是要收费的。

爱奇艺APP
电子邮件
Q邮箱
手机百度
微博
QQ
老小孩社区
喜马拉雅FM
爱奇艺
全民K歌

中国电信
16:38
爱奇艺
熊出没
热点
电视剧
电影
综艺
导航
在这里搜索想看的视频
齐天战神手游：暗黑西游逆天来袭
立即安装
文学
漫画
游戏中心
游戏直播
奇秀直播
电影票
商城
斗地主
活动中心
应用商店
免流量追《中国新歌声》，没WiFi照样看！
推荐
热点
VIP会员
我的
泡泡

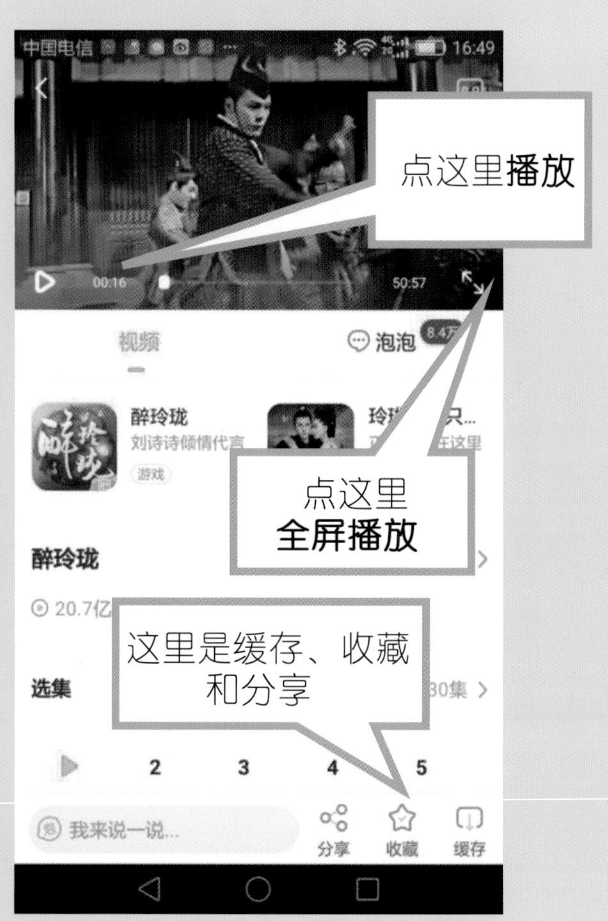

温馨提醒：

APP都是需要先注册，然后才能享受到优惠使用的。

观看视频的APP很多，类似的还有：**优酷**、**土豆**、**腾讯**等等，操作方法基本相同。

三、全民 K 歌

全民 K 歌APP是腾讯旗下的一款录制分享自己唱歌的K歌软件，它集合了海量的伴奏曲库，涵盖了新歌、热歌等各类歌曲，还有练歌模式和好友PK等功能，只要一个智能手机，让用户在家里也能欢唱练习，不用怕五音不全，先练好了再去卡拉OK和朋友飙歌也无所畏惧。

在手机应用商店下载并安装**全民 K 歌**APP，打开全民K歌APP，可以选择微信登录或者QQ登录。

在首页下方点击中间那个**手握麦克风**的标记，在显示的页面上可以把想唱的歌曲输入最上面的“**请输入歌曲名/歌手名**”进行搜索，也可以在“**歌手**”和“**分类**”等选项里找寻喜欢的歌，搜索之后会出现各种版本的歌，选择合适自己的就可以开唱啦！期间还可以根据自己的音色进行升降调的调整，完成DIY的卡拉OK录制。

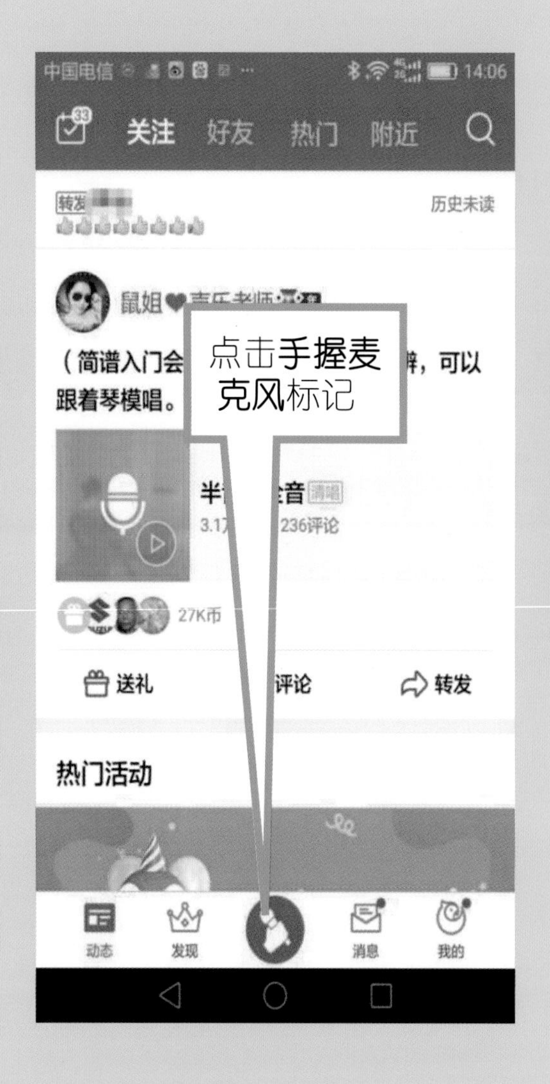

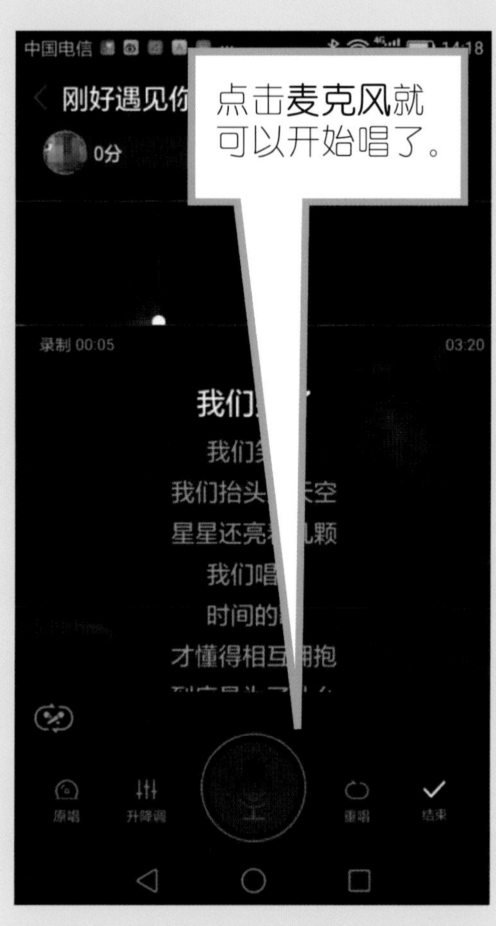

在主页的“**动态**”、“**发现**”、“**消息**”、“**我的**”几个标签里，还可以分别找到好友录制的歌曲，正在直播的比赛，好友们的评论等等，在“**我的**”里，可以找到自己的录音、收藏、转发的歌曲等等。完成自己的卡拉OK后，记得**保存**和**发布**，然后可以和朋友们分享一下，点击右上角的转发，就可以把录音发给微信好友、发朋友圈、发QQ好友以及微博等。

总之，全民K歌是在家中自娱自乐的好软件，打发闲暇时光的好助手，深得众多爱唱歌朋友的喜欢。

四、喜马拉雅

喜马拉雅FM是一款手机电台应用，软件中汇集了包括有声书、相声段子、音乐、新闻、综艺娱乐、儿童、情感生活、评书、外语、培训讲座等在内的栏目，让用户随时随地，想听就听。

在手机的应用商店下载并安装**喜马拉雅**APP，打开喜马拉雅APP，首页呈现的是为用户推荐的各种音频。

喜马拉雅APP首页有四个栏目：分类、推荐、精品、直播、广播。分类是将所有喜马拉雅APP中的音频分门别类，选择任何一个分类，都有大量的该分类的音频推荐给用户。如：选择“相声评书”，就会出现“相声评书”栏目的首页。

“精品”栏目中的音频一般都是收费音频。

“广播”集合了全国所有的电台，点击你想收听的电台

就可以听直播节目或回听节目。

在海量的音频节目中，搜索功能显得尤为重要。如果已经有想要听的音频，在每一页最上方都有搜索功能，输入想要收听的音频名，如：三国，就会搜索出所有跟“三国”相关的音频，点击音频，就可以收听了。

后记

今年父亲节，一则短视频在朋友圈里疯传，视频里退了休的父亲到处去应聘，只为了一个简单的目的：跟着时代“进修”一下，再次做一个跟得上时代的老爸，成为女儿心中永远的“超人”。女儿长大了，好久没“麻烦”老爸了，不需要爸爸那个过去的“超人”了。老爸燃起了多看看年轻人的世界、多学学的念头，就是为了让女儿能够多需要老爸一些。“我们的独立是爸爸的骄傲，但我们的依赖是爸爸这辈子都不想脱掉的小棉袄。”片尾的这句话触动了我。我们真的应该做些什么，让老人家们能够不再为路边拦不到出租车、不会用PAD点菜等烦恼了。科技的进步和信息化的便捷理应惠及老年人群。

“老小孩”智能生活丛书就是帮助老年人掌握基本的智能手机应用。其实智能手机并不难学，只要克服了心理障碍，多练练，很快就能上手的。就如年近九十的南京路上好八连第一任指导员王经文所说，耐心点学，学会了上网，世界就在你的眼前。真心希望这套丛书能带领老年朋友走进数字生活，让老年人都能跟得上时代，让子女们再次为爸妈而骄傲。

编写这套丛书的过程其实很辛苦，常常熬夜。我不由得想起十几年之前我父亲吴小凡不辞辛劳为老年人编写《中老年人学电脑》和《中老年人学网络》两套丛书，最终因积劳成疾过早离开了我们。我也想以这套丛书来告慰我父亲的在天之灵，谢谢您创办了老小孩网络社区，谢谢您给了我坚持十八年为老服务的力量。

2018年6月24日